青春活力
果蔬汁

- 吴恩文
- 杨文德 合著

U0141104

青岛出版社
QINGDAO PUBLISHING HOUSE

分享

杨文德

　　"吃维生素药丸与喝蔬果汁有什么不同？"经常有顾客及员工问我这样的问题。我给他们的回答往往很直接："若是环境与时间允许，最好摄取天然的蔬果汁，因为它容易吸收，即使摄取过量也容易代谢，不会增加体内的负担；但若是环境与时间有所限制，选择吃维生素药丸也是可以的。"

　　这么说不是为了促销店里的果汁，完全是因为我亲身体验，才如此衷心建议。毕竟，在了解了人体构造与运作的复杂后，才会知道要维护健康无疾的身体是多么不容易。除了先天或遗传因素之外，饮食是最直接影响身体健康的要素，而喝蔬果汁的好处是获得最精华、最直接的营养。想想看，一天要吃多少胡萝卜，才能等同一杯胡萝卜原汁的营养？所以，喝蔬果汁是把蔬菜与水果的营养精华化。

　　在健康果汁的领域服务这么多年，我始终致力于宣传天然蔬果汁的健康概念，不曾想过有朝一日，会将十几年来的心得诉诸文字。从筹备、企划到进入实施，内心历经几番挣扎及犹豫，甚至曾一度有过想放弃的念头，也让我发觉自己原来是这么优柔寡断。

　　付诸文字的工作是艰辛的，带给我将近四个月不眠不休地赶稿、校稿与修稿的压力。记得在寒冷的清晨中，面对着计算机，我深深体会到全然无助、肠枯思竭、江郎才尽的痛苦！当时，我想起了恩文说过的一段话："漫长的一生当中，能将以往累积的努力，用四个月做一个整理记录是值得的。"

　　因此，书桌开始了杂乱，胡须得以嚣张，身体逐渐发臭，这样的借口，竟然也能得到家人的支持，谁说"唯女子与小人难养也"？在此感谢我那八岁的儿子及亲爱的老婆。

　　当然，也要感谢所有帮助和支持我的朋友。特别感谢辅仁大学李宁远校长及夫人，从我创业至今，一直不断地支持我，给我许多专业的建议，不只让"汉尔斯"的果汁好喝，也更营养。在此希望所有关心和喜欢"汉尔斯"的顾客、员工，以及广大的读者身体健康，精神愉悦。

逐"水果"而居

很小的时候，我就发现了果汁的魅力，如同游戏一般的魅力，容易让人沉迷其中。

家里有一台果汁机，爸妈很少用，在他们眼中，水果最好吃的状态就是保持它们原有的样子，顶多削削皮，切一切，品尝它们原始的风味和口感。打成汁？简直是暴殄天物。只有我不安分，喜欢切切弄弄，想找出水果的另类吃法。一开始，爸妈只准我拿未熟、不甜，或是即将坏掉的水果去玩，反正放着也没有人吃。我最常试的就是发软的番石榴，不甜的西瓜，还有用吃不完的木瓜做木瓜牛奶；也打过剥了皮、去了籽的葡萄，学着果汁店的样子把柠檬混着牛奶，去打出一杯只有我敢喝的超酸"柠檬奶露"。

我的果汁启蒙仅止于此。

后来我迷上水果雕刻，自己买书，有模有样地学了起来，只要家里请客，水果雕刻切盘最容易在大家酒足饭饱时赢取一桌子掌声。不过，终究学艺不精，难登大雅之堂。与果汁再续前缘，要从阿德的店说起。当时我在电视台工作，中午总爱往阿德的店里跑，我最爱赖在吧台，看看他们怎样打果汁，东问西问的……然后回家去照做一遍，有的时候成功，有的时候总还觉得差那么一点。随着"汉尔斯"的分店越开越多，我也开始逐"水果"而居，只要是"汉尔斯"推出的新口味，我是当仁不让要试喝一番，逐渐我也从业余组中升了级，开始学着如何判断水果的成熟度，尝试不同的组合，也开始学习使用营业用等级的果汁机。当我心灰意冷的时候，只要再向阿德讨一杯新鲜果汁，我就会重新振作。阿德其实玩心重，爱玩音乐，爱东写西写，爱到处乱跑，像个大孩子，我听过他好多个伟大计划，但都石沉大海，只有果汁，他是从一而终，而且愈加精进。这本书有我们的许多构想，至少让我发现，果汁也有试喝到"怕"的时候，也希望读者能够从中领略到水果的多样变化和方便自在。如果说，阿德是被我逼上梁山，我们至少共同做了一件我们心中长远以来想做的事，也为这段友谊下了个脚注。喜欢果汁的朋友也一定会发现，我们这两个健康快乐的男人，老爱在游玩打闹、互相交流中，去创造水果的各种可能，一如我们对自己未来的种种尝试和期待。

目录

C O N T E N T S

PART 1 增强免疫力果汁

PART 2 抗老化果汁

C O N T E N T S

PART 3 消除疲劳果汁

PART 4　调理肠胃果汁

防癌果汁

新鲜蔬果巧挑选

·苹果	·柳橙	·柠檬	·葡萄柚	·草莓	·哈密瓜	·西瓜
·香蕉	·葡萄	·猕猴桃	·菠萝	·番茄	·芒果	·樱桃
·番石榴	·木瓜	·杨桃	·菠菜	·火龙果	·梨	·苦瓜
·红黄甜椒	·苜蓿芽	·胡萝卜	·牛蒡	·山药	·莲藕	·八仙果
·绿茶	·酵母粉	·酸梅				

果汁与健康的亲密关系

* 关于抵抗力　　　　增强免疫力果汁

* 关于抗老化　　　　抗老化果汁

* 关于消除疲劳　　　消除疲劳果汁

* 关于肠胃保健　　　调理肠胃果汁

* 关于防癌　　　　　防癌果汁

 关于抵抗力

现代医疗技术日新月异，我们却没有因此而活得更健康；随着居住环境的恶化，人体的抵抗力越来越差，致病的几率也随之升高。

现代医学研究报告指出，人体产生太多自由基是免疫力衰退的主要原因之一。为了让自己能活得更健康，让我们来谈谈如何去除自由基及增强免疫力。

"免疫系统"就是"自我防护系统"，它能敏锐地检测到细菌、病毒、霉菌、肿瘤及抗原等的刺激，然后将这些刺激转化成警告的信号，让身体做全面性的抵抗。然而，自由基会毫无选择性地攻击细胞及组织，引起连锁性的过氧化反应，造成人体内部免疫系统衰退。所以，我们应该多摄取富含抗氧化剂的食物，以增强自我免疫能力。

酸奶就是非常好的抗氧化剂食物，它能增加体内干扰素的产量及自然杀手细胞的活性，干扰素可以进一步刺激人体产生抗体，而自然杀手细胞则可抑制某些肿瘤细胞生长。

此外，多摄取富含蛋白质、维生素C、维生素B_6、β-胡萝卜素、维生素E、叶酸、维生素B_{12}、烟碱酸、泛酸和铁、锌等的食物，都有助于提升免疫能力。

除了应多摄取能够增强免疫力的食物外，还有一点必须注意，即避免摄取太多的甜食、油脂类食物及重口味的食物等，这些食物会导致免疫能力的降低。

其实，增强免疫能力除了食用可以增加免疫力的食物外，我们还应有均衡的饮食、正常的作息、充足的睡眠（8小时／天），并养成规律运动的好习惯，适时地舒解自己的压力，才能让我们拥有健康的体魄，远离病毒等的侵扰。

· 增强免疫力果汁 ·

柳橙猕猴桃冰沙

特 | 别 | 建 | 议 | 对 | 象 |
高血压患者·口味偏咸者

■原料
柳橙汁100毫升、猕猴桃1颗、果糖30毫升、冰块200克

■补给站
　　猕猴桃不宜打太久，否则饮用时喉咙会觉得刺痒。猕猴桃非常营养，有些小孩不敢吃，所以用柳橙原汁搭配做成冰沙，让孩子在吃冰品的同时兼顾营养的补充。

■做法
1.柳橙洗净，对切压汁；猕猴桃去皮，剖半，挖去中间白梗，切块。
2.先将柳橙汁、冰块与果糖放入果汁机内搅打成汁，再加入猕猴桃块混合，均匀打成冰沙状，倒出即可。

芒果酸奶

特 | 别 | 建 | 议 | 对 | 象 |
便秘者·长期服药而引起腹泻者·喝牛奶会腹泻者

■原料
芒果190克、原味酸奶110毫升、果糖20毫升、冰块50克

■做法
1.芒果去皮，取下果肉，切成块状。
2.将芒果块放入果汁机内，加入酸奶、冰块、果糖搅打成汁，倒出即可饮用。

■补给站
　　芒果富含类胡萝素，维生素A的含量也很高，虽然吃多了会使皮肤呈现微黄色，但只要停止摄取一星期，即可明显改善，对健康并无大碍。

菠菜菠萝木瓜汁

特 | 别 | 建 | 议 | 对 | 象 |

孕妇·贫血头晕者·
注意力不易集中者

■原料
菠菜50克、菠萝150克、木瓜30克、苹果40克、矿泉水60毫升、果糖10毫升、冰块50克

■补给站
菠菜有益造血，菠萝则能助消化。但是，结石患者不宜长期大量摄取含有菠菜的果汁，每天只可饮一杯。

■做法
1.菠菜切除根茎，洗净，切成适当大小；菠萝去头、尾及皮，对切，切除中间硬梗后切片；木瓜削皮，对切去籽，切条状；苹果削皮，去核后切片，泡入盐水中。
2.将菠菜段、菠萝片、木条、苹果片依次放入果汁机内，加入矿泉水、果糖与冰块搅打成汁，倒出即可。

哈密瓜酸奶

特 | 别 | 建 | 议 | 对 | 象 |

口干舌燥者·因代谢障碍引起水肿者·喝牛奶会腹泻者

■原料
哈密瓜210克、原味酸奶110毫升、果糖20毫升、冰块50克

■做法
1.哈密瓜剖半，去籽、皮，切成条状。
2.将哈密瓜条放入果汁机内，加入酸奶、冰块、果糖搅打成汁，倒出即可饮用。

■补给站
哈密瓜是一种营养价值很高的水果。常吃哈密瓜不但能清凉解渴，更有利于消化。

菠萝酸奶

■原料

菠萝150克、木瓜30克、
原味酸奶110毫升、果糖
30毫升、冰块150克

■做法

1.菠萝去头、尾及皮，
   对切，切除中间硬梗
   后切成半圆片；木瓜
   削皮，对切去籽，切
   成块状。
2.将菠萝片、木瓜块放
   入果汁机内，加入酸
   奶、冰块、果糖搅打成
   汁，倒出过滤即可饮
   用。

■补给站

   菠萝含有大量的果
糖、葡萄糖、维生素、
磷、柠檬酸等，还含有
蛋白分解酶。饭后喝一
杯菠萝酸奶，不但可帮
助消化，更能促进肠内
益生菌的繁殖。

柳橙菠萝汁

特|别|建|议|对|象|
容易淤血者·经常感冒者·
较易发生骨折现象者·
有坏血病型牙龈炎者

■原料

菠萝55克、木瓜30克、橙汁
210毫升、绿茶粉0.2克、果
糖10毫升、冰块50克

■做法

1.菠萝去头、尾及皮，对
切，切除中心硬梗后切成
半圆片；木瓜削皮，对切
去籽，切成条状；橙子洗
净，对切压汁。

2.将菠萝片、木瓜条放入果
汁机内，倒入准备好的橙
汁，再加入绿茶粉、冰
块、果糖搅打成汁，倒出
即可饮用。

■补给站

　　绿茶中所含的维生素C
是最佳的抗氧化物，更是
造骨细胞形成骨样组织的
重要元素，可抑制自由基
破坏正常细胞，还能延缓
衰老。

综合酸奶

特|别|建|议|对|象|

便秘者·
长期用药而引起腹泻者·
喝牛奶会腹泻者

■原料

哈密瓜55克、苹果38克、绿番石榴20克、菠萝38克、原味酸奶110毫升、果糖30毫升、冰块50克

■补给站

　　这杯果汁包含酸奶及天然水果的综合营养，是全方位的天然维生素饮品。

■做法

1. 哈密瓜剖半，去籽，去皮，切条状；苹果削皮，去核切片，泡入盐水中；番石榴洗净，剖半，去蒂及籽，切船形片；菠萝去头、尾及皮，对切，切除中间硬梗，切成半圆片。
2. 将哈密瓜条、苹果片、番石榴片、菠萝片放入果汁机内，加入酸奶、冰块、果糖搅打成汁，倒出即可饮用。

花仙子果汁

特|别|建|议|对|象|

孕妇·食欲不振者·发育期的青少年

■原料

哈密瓜55克、苹果15克、天然花粉3克、牛奶180毫升、果糖10毫升、冰块50克

■做法

1. 哈密瓜剖半，去籽，去皮，切条状；苹果削皮、去核后切片，泡入盐水中。
2. 将哈密瓜条、苹果片放入果汁机内，加入花粉，接着倒入牛奶、果糖、冰块搅打成汁，倒出即可饮用。

■补给站

　　天然花粉可增强细胞的解毒能力、吞噬能力、协调能力，加强人体对有害物质的抵抗能力。

牛蒡汁

■原料

牛蒡460克、柠檬70克、菠萝
55克、苹果35克、橙汁100毫
升、蜂蜜30毫升、冰块50克

■做法

1. 牛蒡刨皮，切成两段；柠檬
   洗净，对切去皮；菠萝去
   头、尾及皮，对切，切除中间
   硬梗，切成半圆片；苹果削
   皮，去核，切片，泡入盐水
   中；橙子洗净，对切压汁。

2. 取一玻璃杯，先放入冰块、
   蜂蜜，再将牛蒡段、柠檬、
   菠萝片、苹果片依次放入果
   汁机榨汁，完成后倒入杯
   内，加入准备好的橙子汁，
   搅匀即可。

■补给站

牛蒡中具有特殊的养
分——菊糖，可促进荷尔蒙分
泌，有助于强化人体筋骨，提
升人体细胞活力。

生姜藕粉汤

冬天欲保暖者·感冒初期者·
长时间待在冷气房者·
手脚冰凉者

■原料

生姜100克、莲藕粉5克、莲藕
5片、矿泉水400毫升、全麦吐
司1片、冰糖30克

■做法

1. 莲藕洗净切片；全麦吐司撕
   成碎片状；莲藕粉倒入小碗，
   注入少量矿泉水搅拌；生姜
   刷洗干净，用榨汁机榨汁。

2. 先将矿泉水、吐司片、冰糖
   放入果汁机搅匀，然后倒入
   锅内大火煮沸，加入生姜汁
   与莲藕片，约1分钟后改小
   火，淋上莲藕粉汁，边煮边
   搅动，直到汤汁呈黏稠状，
   熄火中，盛碗，趁热食用。

■补给站

　　生姜有促进血液循环的作
用，还可止吐、暖胃，常在感
冒初期用来祛风寒；与具有润
肺宁神作用的莲藕一起食用，
对感冒有明显的预防效果。

 # 关于抗老化

从西方到东方，从古代到今天，寻找不老的方法是永远热门的话题。要想找出青春永驻的秘方，唯有先了解老化的原因。

于是我们不禁要问："老化是怎么来的？"

依据现代医学实验报告显示，老化与具有强烈氧化作用的自由基有密切关系。

科学家认为，被污染的生活环境、不良的生活习惯、不良的饮食习惯等会使人体产生更多的自由基，从而使核酸突变，失去制造蛋白质的能力，这是老化的主要原因之一。所以，老化的速度和自由基的产生有密不可分的关系。为了减少自由基的产生，唯一的方法便是增加体内的抗氧化剂的浓度。

市面上常见的"美丽营养素"有很多，其中大多是我们所熟知的抗氧化剂。如维生素A、β-胡萝卜素、维生素C、维生素E、茄红素、异黄酮素、原花青素（葡萄籽）等，它们都有很强的抗氧化作用。

这些"美丽营养素"除了具有抗氧化的作用以外，还有其他神奇的功效。例如，维生素A可以使人皮肤柔润、减少皮脂溢出而使皮肤有弹性，饮食中若缺少维生素A，皮肤会变得粗糙、无光泽、易松弛老化；维生素C则是帮助人体合成胶原蛋白的重要物质之一，可保护皮肤不受紫外线伤害，还原黑色素及抑制黑色素产生，从而达到淡化已形成的斑点及色素、改善皮肤暗沉的效果；维生素E具有保持皮肤弹性、抗氧化物侵蚀和防止皮肤细胞早衰的作用。

只要多多摄取富含上述营养素的食物，青春就会放慢流逝的脚步。

P A R T 2

· 抗老化果汁 ·

白菜酸梅汁

特|别|建|议|对|象|

有腹泻症状者·孕妇

■原料

小白菜50克、苹果150克、白话梅1颗、酸奶30毫升、矿泉水50毫升、果糖10毫升、冰块50克

■补给站

　　小白菜是蔬菜中含矿物质与维生素最丰富的，其钙质含量更是大白菜的4倍，经常食用有强壮骨骼及促进新陈代谢的作用。

■做法

1. 将小白菜洗净，去除根茎，切成适当大小的段；苹果削皮，去核，切成船形片，泡入盐水中；白话梅剥肉去核。
2. 将小白菜段、苹果片放入果汁机内，加入话梅肉，再倒入果糖、酸奶、冰块、矿泉水搅打成汁，倒出即可。

番茄酸奶

特|别|建|议|对|象|

便秘者·长期用药而引起腹泻者·糖尿病患者·喝牛奶会腹泻者

■原料

番茄230克、原味酸奶110毫升、果糖30毫升、冰块50克

■做法

1. 番茄洗净，去蒂，切成块状。
2. 将番茄块放入果汁机内，加入酸奶、冰块、果糖搅打成汁，倒出即可饮用。

■补给站

　　茄红素是很强的抗氧化物，可以帮助人体对抗多种退化性疾病。这是一杯既可防衰老又能增强抵抗力的果汁。

抗氧化美容汁

特|别|建|议|对|象|

保养美丽皮肤者·家族患
有心血管疾病者·长时间
户外活动者·抽烟者

■原料

草莓70克、红番石榴80
克、橙汁200毫升、果
糖10毫升、冰块50克

■补给站

草莓所含的果胶
和有机酸，可分解食物
中的脂肪，加强肠胃蠕
动，配上红番石榴与橙
子所含的茄红素和维生
素C，是一杯兼具瘦身
与美颜功效的果汁。

■做法

1. 草莓泡水15分钟，沥干，
   去蒂后再泡洗2次；红番
   石榴洗净，去蒂对剖，
   切成船形片。
2. 将草莓、红番石榴片放
   入果汁机内，倒入橙
   汁，加入冰块、果糖搅
   打成汁，倒出即可饮
   用。

仙梨果汁

特|别|建|议|对|象|

有咳嗽症状者·上呼吸道感染发炎
者·口干舌燥者

■原料

水梨200克、八仙果3颗、葡萄柚原汁
100毫升、矿泉水80毫升、果糖10毫升

■做法

1. 水梨削皮，去核，切片，泡入盐水
   中；八仙果切细块；葡萄柚洗净，
   对切压汁。
2. 将水梨片、八仙果、葡萄柚汁依次
   放入果汁机内，加入矿泉水、果糖
   搅打成汁，倒出即可饮用。

■补给站

八仙果由多种中药制成，有止咳
化痰的功效，能缓解喉痒、喉干，与
同样能够去痰止咳的水梨搭配，效果
更佳。

小黄瓜水果汁

皮肤干燥、角化者·
长时间户外活动者

■原料

小黄瓜150克、橙汁120毫升、
苹果70克、柠檬35克、蜂蜜20
毫升、冰块50克

■做法

1.黄瓜洗净，切去两端；橙子
   洗净，对切压汁；苹果削
   皮，去核，切片，泡入盐水
   中；柠檬剥除外皮。
2.取一玻璃杯，先放入橙子
   汁、冰块及蜂蜜，再将黄
   瓜、苹果片、柠檬依次放入
   榨汁机榨汁，完成后倒入杯内
   搅拌均匀，倒出即可饮用。

■补给站

   小黄瓜含有丰富的维生
素C，有益于肌肤的保湿、滋
润、美白，有良好的美容养颜
效果。

葡萄西瓜苹果汁

长期户外工作者·开刀手术者
或有伤口者·家族患有心血管
疾病者·食欲不振者

■原料

绿番石榴40克、葡萄100克、苹
果40克、西瓜110克、矿泉水50
毫升、果糖10毫升、冰块50克

■做法

1. 番石榴洗净，剖半，去蒂及
   籽，切成条状；用剪刀将葡
   萄连梗剪下，用盐水泡洗3
   次，去梗，摘下葡萄果粒，
   再用盐水泡洗1次；苹果削
   皮，去核，切片，泡入盐水
   中；西瓜去皮，取红色果
   肉，切成块状。
2. 将番石榴条、葡萄、苹果
   片、西瓜块依次放入果汁机
   内，加入矿泉水、果糖、冰
   块搅打成汁，倒出过滤即可
   饮用。

■补给站

　　葡萄籽富含葡萄籽素，是
良好的抗氧化物，对保养肌肤
效果很好，在欧洲被称为"口
服的皮肤保养品"。

鳄梨核桃牛奶汁

节食减肥者·准备怀孕者

■原料

鳄梨100克、黑芝麻1克、核桃仁2克、牛奶150毫升、果糖10毫升、冰块50克

■做法

1. 剖开已均匀熟软的酪梨,将核取出,去皮切块;黑芝麻炒过磨粉;核桃仁捣碎。
2. 将鳄梨块放入果汁机内,加入牛奶、果糖、冰块搅打成汁;再将果汁机调到低速挡,放入核桃仁搅拌均匀,倒出,撒上芝麻粉即可饮用。

■补给站

　　鳄梨、芝麻、核桃含有丰富的维生素E,能增强人体细胞膜的抗氧化作用,对预防成人病、提升免疫力与延缓衰老都有帮助。

苹果西芹牛奶汁

生理期妇女缺铁性贫血者(不加
冰块)

■原料

苹果55克、绿番石榴55克、西
芹25克、牛奶150毫升、酸奶
150毫升、果糖10毫升、冰块
50克

■做法

1. 苹果削皮，去核，切成船形
   片，泡入盐水中；番石榴洗
   净，剖半，去蒂及籽，切成
   船形片；西芹洗净，每根切
   成6等份。
2. 将苹果片、番石榴片、西芹
   段放入果汁机内，加入牛
   奶、酸奶、果糖、冰块搅打
   成汁，倒出即可饮用。

■补给站

　　没有维生素C的辅助，人
体从食物中摄取的铁质便无法
在体内转化成能被吸收的二价
铁离子。

苦瓜汁

特|别|建|议|对|象|

食欲不振者·口干舌燥者

■原料

苦瓜130克、柠檬35克、西芹35克、绿番石榴95克、酸奶30毫升、果糖10毫升、冰块50克

■补给站

　　苦瓜中的维生素C含量很高，具有预防坏血病、保护细胞膜、提高机体应激能力等作用。

■做法

1. 苦瓜洗净，对剖开，除籽，切成条状；柠檬洗净，去皮对切；西芹洗净，对切；番石榴洗净，剖半，去蒂及籽，切成条状。
2. 玻璃杯中先放入冰块、果糖、酸奶，再将苦瓜条、柠檬、西芹段、番石榴条依次放入榨汁机内榨成汁，倒入杯内搅拌均匀，饮用即可。

维生素C果汁

特|别|建|议|对|象|

烟瘾严重者·作息不正常者·身上有伤口者

■原料

木瓜55克、菠萝35克、苹果55克、橙汁220毫升、果糖10毫升、冰块50克

■做法

1. 木瓜削皮，对切去籽，切成条状；菠萝去头、尾及皮，对切，切除中间硬梗，切成半圆片；苹果削皮，去核，切片，泡入盐水中；橙子洗净，对切压汁。
2. 将木瓜条、菠萝片、苹果片放入果汁机内，倒入橙汁、果糖、冰块搅打成汁，倒出即可饮用。

■补给站

　　维生素C不但优良的抗氧化物，而且能促进胶原蛋白的合成。

葡萄酸奶

便秘者·长期用药而引起腹泻者·
喝牛奶会腹泻者·贫血者·
食欲不振者

■原料
葡萄150克、原味酸奶110毫
升、果糖30毫升、冰块50克

■做法
1.用剪刀将葡萄连梗剪下，放
　入盐水中泡洗3次，去梗，
　摘下葡萄果粒，再用盐水泡
　洗1次。
2.将葡萄放入果汁机内，加入
　酸奶、冰块、果糖搅打成
　汁，倒出过滤即可饮用。

■补给站
　　葡萄中的葡萄多酚是良
好的抗氧化剂，据研究其抗氧
化能力为维生素E的20倍，为
维生素C的50倍，能对抗自由
基，降低正常细胞老化和死亡
的速度。

香蕉樱桃冰沙

经常憋尿者·高血压患者

■**原料**

香蕉130克、樱桃10颗、果糖
10毫升、冰块150克

■**做法**

1.香蕉去皮，每根切成3等份；
  樱桃洗净，去梗及核。
2.将香蕉段和樱桃依次放入果
  汁机内，倒入果糖、冰块，
  均匀打成冰沙，倒出即可饮
  用。

■**补给站**

　樱桃富含茄红素、钾和
铁，能帮助肾脏排毒，亦能防
止胶原蛋白被破坏；香蕉含有
大量的钾。两者结合是高血压
患者最佳的保健饮品。

关于消除疲劳

疲劳是现代人常见的问题之一，尤其是上班族，长期疲劳若未加改善，就会成为各种疾病的起源。

疲劳形成的原因多与工作环境不良有关，如连续熬夜、嘈杂的厂房或长时间工作等。因此，必须注意身体对上述负面环境产生的不适，利用规律的作息和良好的饮食习惯来改善疲劳的状况，让身体机能恢复正常。

虽然减少工作量、放松精神是消除疲劳最好的方法，但往往受制于现实情况，忙碌成了我们日常生活的真实写照。在压力大又吃不好（特别是不均衡）的情况下，不仅抵抗力变差，疲劳也得不到消除，所以应特别注重某些营养素的摄取，让疲劳不再困扰我们。

B族维生素存在于未加工的谷类（如五谷米、红豆、绿豆）、酵母粉、牛奶、绿色蔬菜、蜂王浆及蜂蜜等食物中，它们是将糖类、脂质、蛋白质转换为能量的必需元素。若体内B族维生素缺乏，会影响能量的合成，人就容易感到疲劳。此外，存在于蛋黄、绿色蔬菜及干果类等食物中的铁质，是人体内合成血红素的重要物质，缺乏铁质会造成贫血，使血液运送氧气的能力下降，疲劳、脸色苍白等问题也就会随之而来。因此，适量地补充B族维生素及铁质，对于疲劳的症状会有明显的改善。

除了多补充能帮助消除疲劳的食物外，还应注意避免摄取容易造成疲劳的食物，如咖啡——有不少人拿它来提神，短时间内它的确有效，但若过量摄取则易造成失眠、心悸，反而让身体得不到足够的休息，疲劳的情况就会更加恶化。酒精的摄入也不宜过多，因为过量饮酒会消耗体内的B族维生素，造成疲劳。

专家认为，运动时脑部会释放出令人愉悦的物质，能增加人体的抵抗力，饮食与运动若能相互配合，将更有助于疲劳舒解。

PO AOROT 3

·消除疲劳果汁·

黑芝麻奶昔

特|别|建|议|对|象|

熬夜者·酗酒者

■原料

黑芝麻2克、香草冰淇淋150克、牛奶150毫升、果糖10毫升、冰块50克

■补给站

　　黑芝麻富含维生素E和不饱和脂肪酸等人体必需脂肪酸，另外其所含的芝麻素具有提升肝功能的作用。

■做法

1. 黑芝麻炒熟磨粉，备用。
2. 将香草冰淇淋放入果汁机内，加入牛奶、冰块、果糖，均匀打成奶昔状后再放入黑芝麻粉混拌均匀，倒出即可饮用。

山药苹果牛奶汁

特|别|建|议|对|象|

消化不良者·容易感冒者·荷尔蒙分泌不足者

■原料

山药55克、苹果120克、牛奶150毫升、蜂蜜10毫升、冰块50克

■做法

1. 山药去皮，切成块状；苹果削皮，去核，切片，泡入盐水中。
2. 将山药块、苹果片放入果汁机内，加入牛奶、蜂蜜、冰块搅打成汁，倒出即可饮用。

■补给站

　　山药含有丰富的黏蛋白，具有抗菌、抗氧化、增强免疫力的功效，对消化不良、身体虚弱者是很好的营养补给品。

苹果蜂蜜汁

特 | 别 | 建 | 议 | 对 | 象 |

便秘者·抵抗力较差者·
家族患有心血管疾病者

■原料

苹果200克、蜂王浆20克、矿泉水100毫升、蜂蜜20毫升、冰块50克

■补给站

　　苹果所含的果胶能吸收肠道内多余水分，对于腹泻者具有缓和症状及补充身体流失矿物质的作用。

■做法

1.苹果削皮，去核，切成船形片，泡入盐水中；取适量蜂王浆，放在冷藏区溶化，备用。

2.将苹果片放入果汁机内，加入矿泉水、蜂蜜、冰块搅打成汁后倒进玻璃杯中，加入蜂王浆，用非金属的搅拌棒搅匀，饮用即可。

生津润肺杨桃汁

特 | 别 | 建 | 议 | 对 | 象 |

长期户外活动者·长期处在嘈杂环境中者·经常使用声带的工作者

■原料

杨桃350克、枇杷110克、盐少许、果糖10毫升、冰块25克

■做法

1.杨桃洗净，切成条状；枇杷去皮，对剖去核。

2.先将杨桃条放入榨汁机内榨汁，再倒入果汁机内，与枇杷、果糖、盐及冰块一起搅打成汁，倒出即可饮用。

■补给站

　　杨桃不仅能润肺生津、消热止渴，还能舒缓咽喉痛、声带沙哑，搭配止咳化痰的枇杷，即是最佳的止咳、解喉痛的食疗品。饮用者若有咳嗽症状，请勿加冰块。

葡萄蜂蜜汁

特|别|建|议|对|象|
食欲不佳者·抵抗力较差者·
生理期妇女

■原料
葡萄210克、蜂王浆20克、矿
泉水130毫升、蜂蜜20毫升、
冰块50克

■做法
1. 用剪刀将葡萄连梗剪下，用
   盐水泡洗3次，去梗，摘下葡
   萄果粒，再用盐水泡洗1次；
   取适量蜂王浆，放在冰箱冷
   藏区溶化。
2. 将葡萄放入果汁机内，加入
   矿泉水、蜂蜜、冰块搅打成
   汁，倒进玻璃杯，加入蜂王
   浆，用非金属的搅拌棒搅
   匀，饮用即可。

■补给站
　　葡萄含有多种矿物质及维
生素，近年来还发现含有更强
的抗氧化物，常吃葡萄对神经
系统与排泄系统都很有好处。

牛奶哈密瓜苹果汁

特|别|建|议|对|象|
发育期的青少年·
情绪不稳定者

■原料

苹果35克、哈密瓜30克、木瓜
55克、牛奶170毫升、胚芽麦粉
10克、果糖10毫升、冰块50克

■做法

1. 苹果削皮，去核，切片，泡
   入盐水中；哈密瓜剖半，去
   籽，切成条状，去皮；木瓜
   削皮，对切开，去籽，切成
   条状。

2. 将苹果片、哈密瓜条和木瓜
   条放入果汁机内，加入胚芽
   麦粉、牛奶、果糖及冰块搅
   打成汁，倒出即可饮用。

■补给站

　　瓜果中的维生素B_1必须与
蛋白质搭配，才能被储存在肝
脏内并加以运用，而用富含蛋
白质和维生素B_2的牛奶调制，
更能达到相辅相成的效果。

哈密瓜蜂蜜汁

特|别|建|议|对|象|
口干舌燥者·抵抗力较差者

■原料
哈密瓜190克、蜂王浆20克、蜂蜜20毫升、矿泉水110毫升、冰块50克

■补给站
哈密瓜含有丰富的维生素，能安定神经、帮助睡眠，以及预防血管硬化。

■做法
1. 哈密瓜剖半，去籽，切成条状后去皮；蜂王浆放在冰箱冷藏区溶化。
2. 将哈密瓜条放入果汁机内，加入矿泉水、蜂蜜、冰块搅打成汁后倒进玻璃杯，加入蜂王浆，用非金属的搅拌棒搅匀，即可饮用。

苹果橙子豆花汁

特|别|建|议|对|象|
情绪不稳而失眠者·
工作压力太大的上班族

■原料
苹果35克、橙子原汁130毫升、豆花75克、果糖10毫升、冰块50克

■做法
1. 苹果削皮，去核，切片，泡入盐水中；橙子洗净，对切压汁。
2. 将苹果片和豆花放入果汁机内，倒入准备好的橙汁，再加入果糖、冰块搅打成汁，倒出即可饮用。

■补给站
缺乏维生素B_1会使人紧张易怒，且会加速体内维生素C的流失，此果汁可同时补充这两种必要的维生素。

叶酸果汁

特 | 别 | 建 | 议 | 对 | 象 |
孕妇·
60岁以上的老人·
胃酸过少者·
消化不良者

■原料

菠菜30克、西芹35克、青椒20克、菠萝100克、柠檬汁30毫升、矿泉水110毫升、蜂蜜15毫升、冰块50克、酵母粉2克

■补给站

　　孕妇若缺乏叶酸，容易造成胎儿先天性神经管缺陷，或出现早产、流产等危险情况。

■做法

1.菠菜切除根茎，洗净，切成适当大小；西芹洗净，切小块；青椒洗净，对切开，去籽，切片；菠萝去头、尾及皮，对切，切除中间硬梗，切片。
2.将菠菜、西芹、青椒、菠萝、柠檬汁放入果汁机内，倒入矿泉水、蜂蜜、冰块打成汁，加入酵母粉，并将果汁机调至低速挡，搅匀，倒出即可饮用。

水梨蛋白果汁

特 | 别 | 建 | 议 | 对 | 象 |
咳嗽者·吸烟者·便秘者·多痰者

■原料

水梨210克、木瓜40克、蛋白10克、牛奶60毫升、花粉1克、果糖10毫升、冰块50克

■做法

1.水梨削皮，去核，切片，泡入盐水中；木瓜削皮，对切开，去籽，切成块状；蛋白用打蛋器打至起泡。
2.将水梨片与木瓜块放入果汁机内，加入牛奶、冰块、果糖及花粉搅打成汁，倒出，淋上蛋白即可饮用。

■补给站

　　水梨含有丰富的水分及纤维质，除了能改善便秘外，对祛痰止咳也有很大的帮助。

火龙果蜂蜜汁

特|别|建|议|对|象|

便秘者·抵抗力较差者·
消化不良者·血压不稳者

■ 原料

火龙果150克、蜂王浆20克、
蜂蜜20毫升、牛奶150毫升、
冰块50克

■ 做法

1. 火龙果去皮，切成块状；蜂
   王浆放在冰箱冷藏区溶化。
2. 将火龙果放入果汁机内，加
   入牛奶、蜂蜜、冰块搅打成
   汁，倒进玻璃杯，加入蜂王
   浆，用非金属的搅拌棒搅
   匀，即可饮用。

■ 补给站

　　火龙果含有丰富的维生素
和水溶性纤维，营养丰富，功
能独特，具有抗氧化、抗自由
基、抗衰老的作用，对于帮助
消化与平衡血压也有很好的帮
助。

香蕉蜂蜜汁

口味偏咸·抵抗力较差者·
高血压患者

■原料
香蕉100克、蜂王浆20克、牛
奶150毫升、蜂蜜10毫升、冰
块50克

■做法
1. 香蕉去皮,每根均切成3等
   份;蜂王浆放在冰箱冷藏区
   溶化。
2. 将香蕉段放入果汁机内,加
   入牛奶、蜂蜜、冰块搅打成
   汁,倒进玻璃杯,加入蜂王
   浆,用非金属的搅拌棒搅
   匀,倒出即可饮用。

■补给站
　　香蕉的肉质很软,对于便
秘患者而言是很好的食材。另
外,香蕉中钾含量高,对维持
体内的酸碱平衡、增强神经传
导与心肌的活动力有很好的效
果。但是,肾脏病患者食用前
须先请教医师。

哈密瓜牛奶蛋黄汁

常感虚冷者·剧烈运动者

■原料
哈密瓜55克、苹果35克、蛋黄1个、牛奶170毫升、果糖10毫升、冰块50克

■做法
1. 哈密瓜剖半，去籽，切成条状后去皮；苹果削皮，去核，切片，泡入盐水中。
2. 将哈密瓜条、苹果片放入果汁机内，加入牛奶、冰块、果糖搅打成汁，再将果汁机调到低速挡，放入蛋黄搅拌3~5秒，倒出即可饮用。

■补给站
　　蛋黄含有丰富的维生素A、维生素D、维生素E和维生素K，对孩子的生长发育极为有益。蛋黄的营养加上水果中所含的维生素，能强化身体肌肉且不囤积脂肪。

苜蓿芽果汁

■原料
苹果35克、苜蓿芽15克、酸奶
200毫升、冰块50克、牛奶100
毫升、果糖10毫升

■做法
1.苹果削皮，去核，切片，泡
　入盐水中；苜蓿芽洗净。
2.将苹果片、苜蓿芽放入果汁
　机内，加入牛奶、酸奶、果
　糖、冰块搅打成汁，倒出即
　可饮用。

■补给站
　　苜蓿芽含有丰富的氨基
酸、矿物质及叶绿素，是天然
的胆固醇克星，可有效降低动
脉血管粥样硬化，但罹患红斑
性狼疮者切勿食用。

关于肠胃保健

　　现代社会，许多人都有肠胃不适的毛病，然而大部分人都不重视它，总以为吃点药就没事了。其实这只能治标，不能治本。想要让自己拥有健康的肠胃，就必须养成良好的卫生习惯、饮食习惯及运动习惯，而非一味地使用药物来控制。长期使用药物会引起一些生理上的副作用，让肠胃不适加重，必须引起足够重视。

　　那么，平时该怎样保持肠胃的健康呢？最重要的方法就是要做到体内环保。

　　纤维素是能完成体内环保的重要物质之一，虽然纤维素无法被人体所消化吸收，但它可以吸收水分，吸附其他有毒物质或废物，刺激肠道的蠕动，并将这些废物排出体外。没有它，肠胃就不能正常运作，就会产生不适，严重者甚至会增加罹患肠癌的几率。

　　既然纤维素这么重要，那么哪些食物富含纤维素呢？许多未经加工的蔬菜、水果及五谷、干豆类（如糙米、绿豆或全麦面包）都属于纤维素含量较高的食品。

　　除了纤维素外，市面上常见的酸奶含有肠道益生菌，可建立胃肠道正常的细菌生态环境，长期摄取对胃肠道保健有积极的作用。但胃酸会破坏这些菌种，当它们行至肠胃道时所残存的量已不多，因此，长期、持续地食用酸奶才可明显地看到效果。

　　低聚糖也是有益于肠胃的物质，在牛蒡、黄豆等食物中都有低聚糖的存在。同纤维素一样，低聚糖不能被人体的消化酶分解，但它可以成为胃肠道内益生菌的来源，提供益生菌（如比菲德氏菌）的成长环境，压抑有害菌种的生存空间，促成肠道菌丛生态健全，进而增加营养的吸收效率，减少肠道有害毒素的产出，从而减少肠道生长恶性肿瘤的危险。

·调理肠胃果汁·

苹果柠檬
葡萄柚汁

特|别|建|议|对|象|
减肥者·血压较高者

■原料

苹果95克、柠檬汁20毫升、葡萄柚汁170毫升、酸奶60毫升、果糖10毫升、冰块50克

■补给站

　　葡萄柚和苹果都含有丰富的果胶。果胶是纤维素的一种，有助于胆固醇的排出及缓解便秘。

■做法

1. 苹果削皮，去核，切片，泡入盐水中。
2. 将苹果片放入果汁机内，倒入准备好的柠檬汁、葡萄柚汁，再加入酸奶、果糖、冰块搅打成汁，倒出即可饮用。

柠檬酸奶

特|别|建|议|对|象|
便秘者·长期用药而引起腹泻者·喝牛奶会腹泻者·感冒者·口臭者

■原料

柠檬1只、原味酸奶110毫升、矿泉水150毫升、果糖45毫升、冰块50克

■做法

1. 柠檬洗净，对切压汁。
2. 将柠檬汁、酸奶、矿泉水、冰块、果糖倒入果汁机内，搅打成汁，倒出即可饮用。

■补给站

　　柠檬果皮和果肉中间有一层白色嫩皮和果膜，维生素P含量丰富，若与维生素C同时作用，有助于活化血管、抗病毒、预防感冒。

芹菜菠萝汁

■原料

西芹35克、菠萝35克、苹果35
克、绿番石榴35克、木瓜35
克、矿泉水155毫升、果糖15
毫升

■做法

1. 西芹洗净，切小块；菠萝去
头、尾及皮，对切，切除中
间硬梗，切片；苹果削皮，
去核，切成船形片，泡入盐
水中；番石榴洗净，剖半，
去蒂及籽，切成船形片；木
瓜削皮，对切去籽，切成条
状。

2. 将西芹、菠萝、苹果、番石
榴、木瓜依次放入果汁机内，
加入矿泉水、果糖、冰块搅打
成汁，倒出即可饮用。

■补给站

　　很多人不喜欢芹菜的味
道，但是芹菜营养价值很高，
有平衡血压的功效，搭配多种
水果制成果汁，口感香醇，有
助于消化。

紫纤果汁

■原料

菠萝35克、苹果35克、冰块50克、木瓜30克、紫甘蓝10克、矿泉水200毫升、果糖10毫升

■做法

1. 菠萝去头、尾及皮，对切，切除中间硬梗，切片；苹果削皮，去核，切片，泡入盐水中；木瓜削皮，对切去籽，切成条状；将紫甘蓝叶逐一剥下，洗净。

2. 将菠萝片、苹果片、木瓜条、紫甘蓝叶依次放入果汁机内，加入矿泉水、果糖、冰块搅打成汁，倒出即可饮用。

■补给站

　　蔬果中所含的食物纤维素能帮助肠壁蠕动，降低肠壁绒毛对营养的过度吸收，有利于减肥。

菠萝木瓜汁

特|别|建|议|对|象|

消化不良者·便秘者

■原料

菠萝50克、绿番石榴35克、木瓜35克、苜蓿芽5克、矿泉水200毫升、果糖10毫升、冰块50克

■补给站

不管你每天吃的食物有多营养,若肠胃无法消化吸收,反而会加重肠胃负担。多喝含消化酶的果汁,有利于营养的分解与吸收。

■做法

1. 菠萝去头、尾及皮,对切,切除中间硬梗,切片;番石榴洗净,剖半,去蒂及籽,切成条状;木瓜削皮,对切去籽,切成条状;苜蓿芽洗净。
2. 将菠萝片、番石榴条、木瓜条、苜蓿芽放入果汁机内,加入矿泉水、冰块、果糖搅打成汁,倒出即可饮用。

香蕉酸奶

特|别|建|议|对|象|

便秘者·长期用药而引起腹泻者·喝牛奶会腹泻者·高血压患者·口味偏咸者

■原料

香蕉90克、原味酸奶110毫升、矿泉水150毫升、果糖20毫升、冰块50克

■做法

1. 香蕉去皮,每根均切成3等份。
2. 将香蕉段放入果汁机内,加入酸奶、冰块、果糖、矿泉水搅打成汁,倒出即可饮用。

■补给站

香蕉质软香甜,美味可口,是幼儿及大病初愈者最佳的保健食品。

番茄菠萝汁

特|别|建|议|对|象|

消化不良者·瘦身者·
抵抗力较差者

■原料
番茄220克、菠萝55克、柠檬1只、矿泉水90毫升、果糖10毫升、冰块50克

■补给站
　　菠萝含有蛋白分解酶，加上番茄的茄红素、柠檬的维生素C，有助于消化与代谢。

■做法
1. 番茄洗净，去蒂，切成块状；菠萝去头、尾及皮，对切，切除中间硬梗，切片；柠檬洗净，对切压汁。
2. 将番茄块、菠萝片放入果汁机内，倒入柠檬汁，再加入冰块、果糖、矿泉水搅打成汁，倒出即可饮用。

肠益菌果汁

特|别|建|议|对|象|

患有肠道性疾病者·便秘者·喝牛奶
会腹泻者

■原料
哈密瓜80克、木瓜50克、原味酸奶110毫升、矿泉水100毫升、果糖10毫升、冰块50克

■做法
1. 哈密瓜剖半，去籽，切条状后去皮；木瓜削皮，对切去籽，切成条状。
2. 将哈密瓜条、木瓜条放入果汁机内，加入原味酸奶、矿泉水、冰块、果糖搅打成汁，倒出即可饮用。

■补给站
　　随着年龄逐渐增大，肠内益生菌数量也日益减少，为了肠内的菌态平衡，每周至少要补充2～3次肠内益生菌。

黄瓜菠萝汁

特 | 别 | 建 | 议 | 对 | 象 |

运动神经反应较差者·
减肥者

■**原料**

小黄瓜150克、菠萝50克、番
茄150克、果糖10毫升、冰块
50克

■**做法**

1. 小黄瓜去头、尾，洗净；菠
萝去头、尾及皮，对切，将
中间硬梗切除，切成半圆
片；番茄洗净，去蒂，对切
成块状。

2. 玻璃杯中先放入冰块、果
糖，再将小黄瓜、菠萝片、
番茄块放入榨汁机内榨汁，
完成后倒入杯内搅拌均匀，
即可饮用。

■**补给站**

　　小黄瓜与菠萝都富含维
生素C和钾，可帮助体内维持
酸碱平衡，以及正常的神经传
导。

草莓酸奶

特|别|建|议|对|象|
便秘者·长期用药而引起腹
泻者·减肥者·喝牛奶会腹
泻者

■原料

草莓150克、原味酸奶110毫
升、果糖30毫升、冰块50克

■做法

1.草莓用水浸泡15分钟，沥
　干，去蒂后再泡洗2次。
2.将草莓放入果汁机内，加入
　酸奶、冰块、果糖搅打成
　汁，倒出即可饮用。

■补给站

　　草莓味甘、酸，性凉，
含有大量的维生素C、钾、
铁等营养素，既能补血，又
有润肺生津、健脾消暑、解
热利尿、止渴的作用。

火龙果酸奶

特|别|建|议|对|象|
便秘者·长期用药而引起
腹泻者·喝牛奶会腹泻者·
血压不稳者

■原料
火龙果180克、原味酸奶110毫
升、果糖30毫升、冰块50克

■做法
1.火龙果去皮，对切开，改刀
  切成块状。
2.将火龙果块放入果汁机内，
  加入酸奶、冰块、果糖搅打
  成汁，倒出即可饮用。

■补给站
　　火龙果果肉中的黑籽能刺
激肠壁绒毛蠕动，既可防止肠
壁吸收过多热量，又有利于排
泄，降低患肠癌的几率。

山药木瓜汁

特|别|建|议|对|象|
发育期的青少年·
胃炎、胃溃疡患者

■原料
山药55克、木瓜150克、矿泉水60毫升、蜂蜜20毫升、冰块50克

■做法
1. 山药刨皮，切成块状；木瓜削皮，对切开，去籽，改刀切成条状。
2. 将山药块与木瓜条放入果汁机内，加入矿泉水、蜂蜜、冰块搅打成汁，倒出即可饮用。

■补给站
　　山药含有各种荷尔蒙基本物质，中医上常将其用于补中益气。山药与木瓜搭配制成果汁，具有健胃清肠、帮助消化的作用，更能促进荷尔蒙的正常分泌。

关于防癌

　　生活水平的提高，饮食的日益精致，使罹患"文明病"的人越来越多。根据最新资料统计，目前70%的癌症来自饮食与生活的失调，因此防癌应从饮食着手。

　　怎样饮食才能防癌？——每餐摄取的热量不应太高，少吃油炸及脂肪含量过多的食物，不偏食，不摄取过多的肉类（每天250~300克），减少烧烤、烟熏、盐腌及添加防腐剂等食物的摄取，养成多吃新鲜蔬菜、水果的习惯。

　　除了饮食节制以外，更积极的做法则是于日常生活中多摄取富含抗氧化剂的保健营养素。最常见的有：维生素A、维生素C、维生素E及β-胡萝卜素，还有葡萄籽、茄红素、蜂王浆、硒、锌等。

　　哪些食物中含有上述抗氧化剂营养素？

　　●维生素A：胡萝卜、菠菜、牛奶等。

　　●β-胡萝卜素：胡萝卜、南瓜、地瓜、菠菜等。

　　●维生素E：小麦胚芽、甘蓝、杏仁、花生、开心果、大豆等。

　　●维生素C：辣椒、苦瓜、油菜、菠菜、柑橘、草莓、猕猴桃、番石榴等。

　　●硒：小麦胚芽、小麦麸、番茄、西蓝花等。

　　●锌：小麦胚芽、啤酒酵母、南瓜子、蛋类等。

　　●茄红素：红番茄、红番石榴、樱桃、红肉葡萄柚、红肉西瓜等。

　　除了食物的选择以外，防癌最重要的是养成健康的生活习惯，包括均衡的饮食习惯、规律的运动习惯等。

PART 5

· 防癌果汁 ·

番茄石榴西瓜汁

■原料

紫甘蓝60克、红番石榴160
克、番茄150克、西瓜180克、
果糖10毫升、冰块50克

■做法

1. 将紫甘蓝叶逐一剥下，洗
   净；红番石榴、番茄洗净，
   去蒂，对切成块状；西瓜去
   皮，取果肉，切成块状。
2. 玻璃杯中先放入冰块、果
   糖，再将紫甘蓝、番石榴
   块、番茄块、西瓜块放入榨
   汁机内榨汁，完成后倒入杯
   内，用搅拌棒搅拌均匀即可
   饮用。

■补给站

　　番茄中的番茄红素能有效
清除体内的自由基，预防和修
复细胞损伤，抑制DNA氧化，
从而降低癌症发生率。

铁质茄红素果汁

■原料
菠菜30克、苹果100克、番茄
100克、矿泉水110毫升、果糖
10毫升、冰块50克

■做法
1. 菠菜切除根茎，洗净，切成
   适当大小的段；苹果削皮，
   去核，切成船形片，泡入盐
   水中；番茄洗净，去蒂，对
   切成块状。
2. 将菠菜段、苹果片、番茄块
   依次放入果汁机内，加入矿
   泉水、冰块、果糖搅打成
   汁，倒出即可饮用。

■补给站
　　人体内若产生过多自由
基，会破坏造血的营养素，所
以在补充铁质时，除了加入维
生素C外，也要摄取茄红素，
这样能减少过量自由基带来的
伤害。

胡萝卜番茄汁

黄昏时视力不佳者·
皮肤干燥者

■原料

胡萝卜360克、番茄220克、苹果
150克、果糖10毫升、冰块50克

■做法

1. 胡萝卜削皮，去头、尾，切
   成条状；番茄洗净，去蒂，
   对切成块状；苹果削皮，去
   核，切片，泡入盐水中。
2. 玻璃杯中先放入冰块、果
   糖，再将胡萝卜条、番茄
   块、苹果片依次放入榨汁机
   内榨汁，完成后倒入杯内搅
   拌均匀，即可饮用。

■补给站

　　β－胡萝卜素与茄红素的
主要功能除了保持上皮组织正
常状态外，更有抗氧化与增强
免疫力的作用。

香蕉橙子猕猴桃汁

特|别|建|议|对|象|
剧烈运动者 · 抽烟者 ·
情绪不佳者

■原料
橙子300克、香蕉100克、猕猴
桃1颗、果糖10毫升、冰块50克

■做法
1. 橙子洗净，对切开，压成
   汁；香蕉去皮，每根均切成
   3等份；猕猴桃去皮及头、
   尾，对切，挖掉中间白梗部
   分，切成块状。
2. 将橙汁、香蕉段、猕猴桃块
   依次放入果汁机内，加入果
   糖及冰块搅打成汁，倒出即
   可饮用。

■补给站
　　猕猴桃的营养价值很高，
可降低血脂、预防心血管疾
病，与富含维生素C的橙子、
香蕉搭配，既能保健又兼具美
容功效。

蔬菜综合果汁

特|别|建|议|对|象|

嗜吃肉食者·
嗜吃油腻食物者·
偏好重口味者·
嗜睡者

■原料

紫甘蓝60克、苹果35克、菠萝55克、西芹35克、橙汁100毫升、果糖10毫升、冰块50克

■补给站

食用过多肉类食品会使血液呈酸性，容易感到疲倦。这杯果汁富含钾离子，有助于将血液转成微碱性。

■做法

1.将紫甘蓝叶逐一剥下洗净；苹果削皮，去核，切片，泡入盐水中；菠萝去头、尾及皮，对切，切除中间硬梗，切片；西芹洗净，切小块。

2.玻璃杯中先放入冰块和果糖，再将甘蓝、苹果、菠萝、西芹依次放入榨汁机内榨汁，倒入杯内，加入橙汁，调匀即可。

维生素A果汁

特|别|建|议|对|象|

皮肤粗糙易角化者·夜晚视力不佳者·黏膜组织经常感染发炎病变者

■原料

胡萝卜150克、柠檬70克、苹果35克、西芹55克、菠萝30克、酸奶30毫升、果糖10毫升、冰块50克

■做法

1.胡萝卜削皮，去头、尾，切条；柠檬洗净，去皮对切；苹果削皮，去核，切片，泡入盐水中；西芹洗净，切小块；菠萝去头、尾及皮，对切开，切除中间硬梗，改刀成片。

2.玻璃杯中先放入冰块、果糖、酸奶，再将胡萝卜、苹果、西芹、菠萝、柠檬依次放入榨汁机内榨汁，倒入杯内搅拌均匀即可。

■补给站

维生素A能帮助黏膜组织保持水分，对皮肤的保养有很大的功效。

雪梨紫甘蓝菜汁

特 | 别 | 建 | 议 | 对 | 象 |
咳嗽者·上呼吸道感染发炎者·烟民

■原料
雪梨200克、柠檬汁10毫升、紫甘蓝20克、矿泉水100毫升、蜂蜜10毫升、冰块50克

■补给站
　　雪梨具有润肺作用，蔬菜所含的维生素A能帮助黏膜组织保持水分。

■做法
1. 雪梨削皮，去核，切片，泡入盐水中；将紫甘蓝菜叶逐一剥下洗净。
2. 将雪梨片、紫甘蓝放入果汁机内，倒入柠檬汁，再加入矿泉水、蜂蜜、冰块搅打成汁，倒出即可饮用。

辣茄红素汁

特 | 别 | 建 | 议 | 对 | 象 |
有心血管疾病者·免疫力较差者·嗜吃油炸类食物者

■原料
番茄440克、生姜50克、红椒80克、甘草粉1克、盐0.3克、果糖10毫升、冰块50克

■做法
1. 番茄洗净，去蒂，对切成块状；红椒剖半，去蒂及籽后再对切1次。
2. 玻璃杯中先放入冰块、果糖、盐及甘草粉，再将番茄块、生姜、红椒依次放入榨汁机内榨汁，倒入杯内搅拌均匀，饮用即可。

■补给站
　　人体无法自行合成茄红素，需要靠饮食补充。茄红素是强力抗氧化物，不但能增强免疫力，更能预防心血管疾病。

樱桃番茄酸奶汁

特 | 别 | 建 | 议 | 对 | 象 |
爱美人士·便秘者·
嗜吃加工或油炸食品者·
喝牛奶会腹泻者

■原料
樱桃10颗、番茄150克、原味
酸奶110毫升、果糖30毫升、
冰块50克

■做法
1. 樱桃洗净，去核；番茄洗
   净，去蒂，对切成块状。
2. 将樱桃、番茄块放入果汁机
   内，加入酸奶、冰块、果糖
   搅打成汁，倒出即可饮用。

■补给站
　　番茄与樱桃均富含茄红
素，生食番茄效果更佳。虽然
在茄红素的吸收上，生吃不及
加热来得丰富，但经过加热或
加工过的番茄与樱桃，其所含
的均衡营养素却不及生食完
整，而均衡地摄取营养素对身
体才是最好的。

菠菜萝卜蔬菜汁

特|别|建|议|对|象|

有心血管疾病者·高血压患
者·精神不佳者

■原料
菠菜50克、西芹35克、柠檬35
克、菠萝55克、胡萝卜150
克、蜂蜜20毫升、冰块50克

■做法
1. 菠菜切除根茎，洗净，切成
   适当大小的段；西芹洗净，
   切小块；柠檬削除外皮；菠
   萝去头、尾及皮，对切开，
   切除中间硬梗，改刀成片；
   胡萝卜削皮，去头、尾，改
   刀成条。
2. 玻璃杯中先放入冰块、蜂
   蜜，再将西芹、柠檬、菠
   萝、胡萝卜放入榨汁机内榨
   汁，然后将榨好的果汁倒入
   果汁机内，加入菠菜段混合
   搅打成汁，倒出即可饮用。

■补给站
　　多摄取富含钾质的蔬菜
汁，对心脏、血管、血液都有
好处，更有清爽怡人的感觉。

茄红素冰沙

特|别|建|议|对|象|

有心血管疾病者·免疫力较低者·嗜吃油炸类食物者·注重保持青春者

■原料
番茄160克、番茄酱1克、果糖30毫升、冰块150克

■补给站
　　这是一杯富含茄红素的冰品饮料，能提供给您和家人更多的选择。

■做法
1. 番茄洗净，去蒂，对切成块状。
2. 将番茄块、番茄酱、果糖及冰块全部放入果汁机内，均匀打成冰沙状，倒出即可饮用。

蜂蜜乳冰沙

特|别|建|议|对|象|

注重美容美肤者·抵抗力较差者

■原料
蜂王浆30克、蜂蜜30毫升、花粉2克、牛奶50毫升、冰块300克

■做法
1. 蜂王浆先放在冰箱冷藏区溶化。
2. 冰块放入果汁机内，倒入牛奶、蜂蜜和花粉，均匀打成冰沙状，倒进玻璃杯，加入蜂王浆，用非金属的搅拌棒搅匀，即可饮用。

■补给站
　　蜂王浆富含B族维生素和优质蛋白质，特别是含杀菌力强的皇浆酸，为防癌良品。

蔬 果 大 全

享受一杯甜美、营养又健康的果汁,

首要的一点,

就是不再添加大量糖类调味。

其实只要蔬果本身达到一定的甜度,

就可直接享用其最自然的甘美与健康。

然而,面对品种众多的水果,

总让人感到无从挑选。

从现在起,您将不再毫无头绪,

要想挑选甜美的蔬果一点都不难,

只要照着本书所介绍的要点选择,

每次出手,

您挑到的都将是最甜美的水果,

从而做出天然、健康、营养的鲜美果汁。

新鲜蔬果
巧 挑 选

●苹果

- 具有清理肠道的功效。
- 以果皮呈均匀的亮红色，无病虫害、腐烂、压伤者为佳。

●柳橙

- 又名柳丁，可预防感冒、恢复皮肤弹性、防止高血压及心血管疾病。
- 以果皮细滑、果实饱满、外皮呈均匀的金黄色、没有黑点或软硬不一、手握时有弹性者为佳。

●柠檬

- 可预防感冒，防止高血压及心血管疾病，具有利尿的功效。
- 以果肉丰满、果皮光滑无虫咬、皮薄、果实有重量感者为佳。

●葡萄柚

- 具有防癌、抗老化、增强免疫力的功效。
- 以果肉丰满、果皮光滑无虫咬、皮薄，且果实有重量感者为佳。

●草莓

- 可对抗吸烟时产生的致癌物。
- 以果实大、呈圆三角锥形、闻起来味道香浓甜美、色泽鲜艳者为佳。

●哈密瓜

- 安神、助睡眠；防止血管硬化；抗肠癌。
- 以网纹明显、立体者为佳。轻按底部的圆圈，感觉柔软均匀，闻起来又有哈密瓜的香气，就是已成熟的瓜。

●西瓜

- 具有生津止渴、利尿开胃的功效；可预防泌尿系统方面的疾病。
- 以果型完整者为佳，表皮的条纹越鲜明、越散开，说明越好；此外若用手拍打，以有振动的感觉者为佳。

●香蕉

有益消化，可预防心脏、肌肉等方面的疾病。
香蕉皮上开始出现黑点时味道最浓，也最好吃。

●葡萄

- 能助消化、消除疲劳、辅助治疗贫血、调节心率、净化身体。
- 以果粒硕大、结实、有弹性，果皮表面有白色果粉者为佳。

●猕猴桃

- 有美容养颜的功效；可预防感冒、心脏病、白内障；具有抗癌作用；有益消化及帮助铁质吸收。
- 以果肉饱满、捏下去感觉较软者为佳。

●菠萝

- 是良好的开胃剂，有利于消化，可抗肠癌。
- 宜挑选外皮呈金黄色、拿起时有沉重感、鳞目凸显、手指弹打时声音饱满者。若是买已削皮的菠萝，应尽量选购果肉呈金黄色且无酒馊味的。

●番茄——

- 能清理肠道、净化血液、消除疲劳、滋润皮肤、防癌、抗衰老、增强免疫力；还能预防高血压、糖尿病、肝病、动脉硬化等疾病。
- 宜选择表皮鲜红光滑、果实饱满、未被虫啃咬者。

●芒果——

- 具有抗癌及美容的功效；可预防心脏病及高血压。
- 外皮有黑斑者即表明已熟透，且香味十足，最为甜美。若尚未成熟，可将其置于室温下数日，待其成熟即可。

●樱桃——

- 颜色越黑，营养价值越高，能预防龋齿。
- 果皮硬挺、有韧性且有光泽者为佳。

——●番石榴

- 不但可预防糖尿病，还可止泻。
- 以果实完整、富有光泽者为佳。

——●木瓜

- 可助消化，助治疗消化溃疡；防治血症、心血疾病等；还美白肌肤。
- 以外表有鲜色条状，且有压伤、点、过熟烂者为最佳。

●杨桃

- 又名星星果。具有润喉、止咳、缓解声音沙哑的功效；还可助消化。
- 以外观清洁、果肉肥厚且颜色金黄、富有光泽者为第一选择。

●菠菜

- 可平衡胃酸分泌；强化内脏黏膜的抵抗力；辅助治疗贫血、感冒；还可预防脚气病。
- 以叶片鲜绿、茎短者为佳。

●火龙果

- 状似龙喷火，富含维生素C。
- 以果皮光滑、富含水分者为佳。

●梨

- 能维护心脏、血管，保持血压正常；还可去除体内毒素及废物。
- 以果实完整、结实，无病虫害、腐烂、压伤者为佳。

●苦瓜

- 可退火降热，辅助治疗糖尿病、脚气病；具有降低胆固醇含量、降火明目的功效。
- 以果实饱满扎实、无虫咬、色若白玉、不泛黄者为佳。

●黄瓜

- 具有调节体温、供给细胞水分的功能；能活化肌肉及表皮弹力；可辅助治疗痛风、糖尿病、心血管等疾病。
- 以瓜体坚实，表皮深绿带刺，无软凹、刮伤及皱缩者为佳。

─●红黄甜椒

- 能预防牙龈出血、防感冒；还可提升免疫力，强身抗癌；有利于美容养颜。
- 以椒形完整、表皮光滑有弹性者为佳。

─●苜蓿芽

- 可预防高血压、贫血、心脏病及癌症。
- 以芽表面洁净无瑕、无变色、未产生怪味者为佳。

●胡萝卜─

- 对眼睛具有保健功效，可改善皮肤粗糙，促进伤口愈合。
- 以形状坚实、没有裂痕，且皮光滑完整、不带须根、不带绿皮者为佳。

●牛蒡─

- 具有清除致癌物的功效，可辅助治疗贫血、提升肾脏机能、改善皮肤问题。
- 以形状完整、饱满、无压伤者为佳。

●山药─

- 能降血糖、健脾胃、化痰涎、除寒热、助消化、刺激肠胃蠕动、抗衰老、消除疲劳；还能防治糖尿病、高血压。
- 以表皮完整、无压伤及腐烂者为佳。

●莲藕

- 具有补血、安神、清热、生津、润肺的功效；能促进消化、安定神经、舒缓肠胃不适。
- 以藕体肥大、具有重量感、藕节间距不过大、藕茎中空孔大、表皮光滑微红者为佳。

●八仙果

- 在葡萄柚中填入多种中药，风干制做而成。
- 具有止咳化痰、舒解喉痒的功效。

●绿茶

- 富含儿茶素、维生素、氟、锌等。
- 具有抗氧化、预防衰老及心血管疾病的功效；能降低胆固醇、消炎、杀菌。

酵母粉●

富含蛋白质、膳食纤维、维生素、矿物质、氨基酸、核酸等。可舒解压力、补充体力、提升消化机能、增进食欲、调节肠胃，并能维持心脏及神经系统功能正常。

●酸梅

- 富含有机酸（枸杞酸）和钙、铁等矿物质。
- 能防衰老、助消化、滋养肝脏；还可生津止渴，活化筋骨、肌肉与血管组织。

图书在版编目（CIP）数据

青春活力果蔬汁 /吴恩文，杨文德合著.-青岛：青岛出版社，2010.11
ISBN 978-7-5436-6673-3

Ⅰ.青…　Ⅱ.①吴…　②杨…　Ⅲ.①果汁饮料–制作　②蔬菜–饮料–制作
Ⅳ.TS275.5

中国版本图书馆CIP数据核字(2010)第210260号

本书中文简体出版权由台湾台视文化事业股份有限公司授权
山东省版权局著作权登记号：图字 15-2009-009

书　　名	青春活力果蔬汁
编　　著	吴恩文　杨文德
出版发行	青岛出版社
社　　址	青岛市徐州路77号（266071）
本社网址	http://www.qdpub.com
邮购电话	0532-80998664　13335059110
组稿编辑	张化新　周鸿媛
责任编辑	贺　林　张　铮
制　　版	青岛艺鑫制版有限公司
印　　刷	青岛嘉宝印刷包装有限公司
出版日期	2011年1月第1版　2011年1月第1次印刷
开　　本	16开（605毫米×965毫米）
印　　张	5.5
书　　号	ISBN 978-7-5436-6673-3
定　　价	15.00元

编校质量、盗版监督免费服务电话 8009186216

（青岛版图书售出后如发现质量问题，请寄回青岛出版社印刷物资处调换。
电话：0532-80998826）

本书建议陈列类别：美食类